BERTELSMANN

Mein erstes Bildlexikon Haustiere

Bertelsmann Lexikon Institut

Chefredaktion: Dr. Beate Varnhorn
Projektleitung: Anke Braun
Redaktion: Anke Braun, Antje Kleinelümern-Depping
Autorin: Antje Kleinelümern-Depping
Illustrationen: SCHINKEL Medien & Design/ Berlin, Petra Dorkenwald/ München
Bildredaktion: Sonja Rudowicz
Layout und Cover: SCHINKEL Medien & Design/ Berlin
Datenaufbereitung und Satz: SCHINKEL Medien & Design/ Berlin
Herstellung: Hartmut Fichtner

ISBN: 978-3-577-09026-1

www.lexikoninstitut.de

Inhalt

Hunde, Katzen, Kaninchen, Nager, und Schildkröten

Vögel

Fische

Der Dackel

Dackel mit ihren kurzen, krummen Beinen und dem unwiderstehlichen Dackelblick gehören zu den beliebtesten Hunderassen. Wo man keine größeren Hunde halten kann, ist für sie immer noch Platz. Es gibt sie in drei Größen und Fellarten als Kurzhaar-, Langhaar- und Rauhaardackel.

Ein verspielter Kumpel

Der Dackel ist ein sehr anpassungsfähiger, lebhafter Hund, der gern mit Kindern spielt. Er wird aber auch als Jagdhund eingesetzt, der Füchse und Dachse in ihren unterirdischen Bauten aufspürt.

Steckbrief

Größe
bis 27 Zentimeter Schulterhöhe

Gewicht
bis zu 9 Kilogramm

Alter
sie können etwa 14 Jahre alt werden

Nahrung
sie fressen gern Fleisch und Fertigfutter, manchmal pflanzliche Nahrung

Die Hundesprache

Dackel können dem Menschen auf verschiedene Weisen mitteilen, was sie empfinden oder möchten. Wenn ihr Besitzer nach Hause kommt oder mit ihnen spielt, wedeln sie vor Freude mit dem Schwanz. Sie sträuben ihr Fell, stellen ihren Schwanz warnend nach oben und knurren oder bellen laut, wenn Fremde kommen. Sie lassen ihre Ohren traurig hängen, wenn sie ihr Herrchen vermissen.

Der Beagle

Das kurze, dichte Fell der Beagles ist braun, schwarz und hell gefleckt und braucht nur wenig Pflege. Die langen Ohren reichen fast bis zur Nasenspitze, die großen Augen sind dunkelbraun und stehen weit auseinander.

Stöckchen oder Bällchen holen

Beagles brauchen viel Bewegung und Beschäftigung. Freudig laufen sie weggeworfenen Stöckchen oder Bällchen hinterher, greifen diese mit der Schnauze und tragen sie auf den Befehl »Bring!« zu ihrem Besitzer zurück. Das Zurückbringen nennt man Apportieren.

Steckbrief

Größe
bis 41 Zentimeter Schulterhöhe

Gewicht
bis 14 Kilogramm

Alter
sie können bis zu 13 Jahre alt werden

Nahrung
sie fressen gern Fleisch und Fertigfutter, manchmal pflanzliche Nahrung

Warum hecheln Beagles?

Wie alle Hunde hecheln Beagles, weil sie nicht schwitzen können. Sie geben Wärme nur über ihre Füße und ihr Maul ab. Um die Hitze zu vertreiben und ihren Körper zu erfrischen, lassen sie die Zunge heraushängen und beginnen kräftig zu atmen, also zu hecheln. Besonders im Sommer brauchen Hunde deshalb ein schattiges Plätzchen und viel Wasser zum Trinken.

Der Terrier

West Highland White Terrier, auch Westies genannt, sind kleine, weiße Hunde mit leicht struppigem Fell und wachsamen, dunklen Augen. Die aktiven, fröhlichen Hunde mögen die menschliche Gesellschaft, spielen gern mit Kindern und sind jederzeit zu Späßen aufgelegt.

Westies lieben Schnee

Von ihrer schottischen Heimat sind Westies raues Wetter gewohnt. Sie lieben die kalte Jahreszeit mit viel Schnee. In der Sommerhitze fühlen sie sich nicht so wohl, dann tut ihnen ein kühles Bad gut.

Steckbrief

Größe
bis 28 Zentimeter Schulterhöhe

Gewicht
bis 10 Kilogramm

Alter
sie können bis zu 14 Jahre alt werden

Nahrung
sie fressen gern Fleisch und Fertigfutter, manchmal pflanzliche Nahrung

Schlafplatz mit Körbchen oder Decke

Der Schlafplatz sollte in einer ruhigen Ecke, weit weg von zugigen Türen und Fußgetrappel liegen. Er sollte gemütlich und weich sein, leicht zu pflegen und vor allem groß genug, damit sich der Westie darauf hin- und herrollen, sich ausstrecken oder ungestört einen Knochen knabbern kann. Eine Decke oder ein Körbchen kann zum Beispiel als Schlafplatz dienen.

Der Cockerspaniel

Cockerspaniel schauen einen mit großen braunen Augen an. Sie haben lange Ohren und ein weiches, seidiges Fell. Die Tiere sind sanft und aufmerksam und brauchen viel Zuwendung und Auslauf. Auf langen Spaziergängen bringen sie gern Gegenstände herbei.

Ein sauberes Fell

Hunde pflegen ihr Fell selbst. Sie lecken mit der Zunge darüber oder wälzen sie sich auf dem Boden, um kleine Tiere zu entfernen. Trotzdem muss das Fell von Cockerspaniels täglich gebürstet werden, damit es schön seidig bleibt.

Steckbrief

Größe
bis 41 Zentimeter Schulterhöhe

Gewicht
bis 15 Kilogramm

Alter
sie können bis zu 16 Jahre alt werden

Nahrung
sie fressen gern Fleisch und Fertigfutter, manchmal pflanzliche Nahrung

Richtig streicheln

Cockerspaniel lassen sich gern streicheln und tätscheln. Man sollte es aber richtig machen. Sie lieben es, sanft, mit der flachen Hand gestreichelt oder mit den Fingerspitzen gekitzelt zu werden, am liebsten am Bauch und an der Brust. Die meisten Hunde zeigen übrigens, wenn sie gestreichelt werden wollen – sie legen sich dann auf den Rücken und bieten ihrem Bauch an.

Der Schäferhund

Deutsche Schäferhunde haben ein dichtes Fell, aufstehende Ohren und einen buschigen Schwanz. Ihr Aussehen erinnert daran, dass die Hunde vom Wolf abstammen. Sie werden zum Hüten von Schafen, als Wach- und Blindenhunde eingesetzt.

Tägliche Spaziergänge

Schäferhunde brauchen viel Bewegung. Bei ihren täglichen Spaziergängen erkunden sie die Umgebung und verrichten ihr »Geschäft«. Wenn es draußen früh dunkel wird, stürmt oder schneit, kann man deshalb als Hundehalter nicht in der warmen Stube bleiben.

Steckbrief

Größe
bis 70 Zentimeter Schulterhöhe

Gewicht
bis 40 Kilogramm

Alter
sie können etwa 12 Jahre alt werden

Nahrung
sie fressen gern Fleisch und Fertigfutter, manchmal pflanzliche Nahrung

Der Zwinger

Ein Zwinger ist ein Außenkäfig für Hunde. Er hat einen großen Auslauf und eine Hütte, die vor Zugluft schützt und in die sich die Tiere zurückziehen können. Ein Schäferhund sollte aber nur zeitweise im Zwinger gehalten werden, sonst langweilt er sich und fühlt sich einsam. Wichtig für ihn ist auch das Zusammenleben mit der Familie.

Der Boxer

Mit der faltigen Stirn und den großen dunklen Augen sehen Boxer immer etwas traurig aus. Sie sind aber verspielte, lebhafte und sehr kinderliebe Hunde. Das kurze, glänzende Fell ist gelb bis braun und hat manchmal weiße oder dunkle Streifen. Die Schnauze ist breit und hat große Lefzen (Lippen).

Warum lecken Boxer Menschen ab?

Boxer lecken Menschen ab, wenn sie ihre Zuneigung zeigen wollen. Dieses Verhalten kennen alle Hunde aus ihrer Kindheit. Wenn die Mutter ihre Welpen ableckt, fühlen sie sich wohl und sicher.

Steckbrief

Größe
bis 63 Zentimeter Schulterhöhe

Gewicht
bis 32 Kilogramm

Alter
sie können etwa 12 Jahre alt werden

Nahrung
sie fressen gern Fleisch und Fertigfutter, manchmal pflanzliche Nahrung

Kauspielzeuge

Alles worauf Boxer ohne Gefahr herumkauen können, sind für sie Kauspielzeuge - auch Schuhe, Möbel und Kinderspielsachen. Sie kennen keinen Unterschied und müssen als Welpen erst lernen, dass sie nur an ihren eigenen Sachen wie zum Beispiel einem Kauknochen oder einen alten Lederball herumknabbern dürfen. Durch das Kauen halten sie ihre Zähne sauber.

Der Collie

Der Collie ist ein schottischer Schäferhund, der seinen Namen von den schwarzweißen Colley-Schafen erhielt, die er hüten musste. Seinen Beschützerinstinkt hat er auch als Familienhund nicht verloren. Er ist besonders lieb zu Kindern und betreut sie rührend.

Aufforderung zum Spiel

Will der Collie spielen, senkt er seinen Kopf zu Boden, legt ihn auf die gestreckten Vorderpfoten und streckt seinen Po in die Luft. Dann wedelt er mit dem Schwanz und bellt sein Herrchen mit einem hellen Ton an, um dessen Aufmerksamkeit zu bekommen.

Steckbrief

Größe
bis 61 Zentimeter Schulterhöhe

Gewicht
bis 34 Kilogramm

Alter
sie können bis zu 14 Jahre alt werden

Nahrung
sie fressen gern Fleisch und Fertigfutter, manchmal pflanzliche Nahrung

Lange Haare

Collies haben meist ein schwarzweißrotes oder gelbrotweißes, langes und dichtes Fell. Durch regelmäßiges Kämmen und Bürsten müssen sie von Schmutz und abgestorbenem Haar befreit werden. So wird verhindert, dass ihre Haare verfilzen, die Haut krank wird oder sie unangenehm riechen. Für die Fellpflege gibt es besondere Hundekämme und Pflegehandschuhe.

Der Golden Retriever

Der Golden Retriever ist ein mittelgroßer Hund. Sein wohlgeformter Kopf und die dunklen Augen verleihen ihm einen liebenswerten, sanften und freundlichen Ausdruck. Das langhaarige, glatte oder auch leicht gewellte Fell ist gold oder cremefarben.

Der Familienhund

Sein treues und liebes Wesen macht den Golden Retriever zu einem sehr beliebten Familienhund. Er ist sehr anhänglich und gehorsam und liebt es, an allen Aktivitäten seines »Menschenrudels« teil zu haben. Auch im Alter ist er oft noch sehr verspielt.

Steckbrief

Größe
bis 61 Zentimeter Schulterhöhe

Gewicht
bis 37 Kilogramm

Alter
sie können etwa 13 Jahre alt werden

Nahrung
sie fressen gern Fleisch und Fertigfutter, manchmal pflanzliche Nahrung

Stubenrein

Schon junge Retrieverwelpen müssen lernen, ihr »Geschäft« nicht im Haus zu machen. Darum muss man regelmäßig nach dem Ausruhen, nach den Mahlzeiten oder wenn sie unruhig herumlaufen mit ihnen aus dem Haus gehen. Wenn sie ihr Geschäft dann erledigen, sollte man sie loben. Später fällt es ihnen schwer, das zu lernen.

Die Perserkatze

Perserkatzen haben ein dichtes, langes Fell, das sich weich und seidig anfühlt. Gut erkennbar ist ihr großer, runder Kopf mit den kleinen Ohren und dem breiten, kurzen Näschen. Die Beine und der Schwanz sind recht kurz. Es gibt sie in vielen Farben.

Katzenwäsche

Katzen putzen sich oft und gründlich. Viele Stunden am Tag lecken sie mit ihrer rauen, feuchten Zunge immer wieder über ihr Fell. Langhaarige Katzen, wie die Perserkatze, sollten aber zusätzlich täglich gebürstet werden, damit ihre Haare nicht verfilzen.

Steckbrief

Gewicht
sie wiegen zwischen 3,5 und 7 Kilogramm

Alter
sie können etwa 14 Jahre alt werden

Nahrung
sie fressen Vögel und kleine Säugetiere wie Mäuse oder Fertigfutter

Die Schmusekatze

Die ruhige, sanfte Perserkatze liebt ein umhegtes, komfortables Leben im Haus. Sie ist sehr zutraulich und anhänglich und braucht viel Zuwendung – aber nicht immerzu. Wenn sie gerade Lust hat, schmust und kuschelt sie unheimlich gern, lässt sich kraulen und streicheln und schnurrt dazu vor Behagen. Hat sie genug, so springt sie einfach davon.

Die Siamkatze

Siamkatzen sind schlanke Katzen mit einem länglichen Körper und schmalen Pfoten. Ihr dreieckiger Kopf hat große Ohren. Das kurze Fell ist meist cremefarben, wobei Gesicht, Ohren, Schwanz und Pfoten dunkelbraun gefärbt sind. Ihre Augen sind tiefblau.

Die Katzensprache

Katzen zeigen durch Laute und ihren Körper, was sie fühlen. Wenn die Siamkatze zum Beispiel leise schnurrt, fühlt sie sich wohl. Macht sie einen Buckel, sträubt die Rückenhaare und plustert ihren Schwanz auf, hat sie Angst und fühlt sich bedroht.

Steckbrief

Gewicht
sie wiegen zwischen 2,5 und 5,5 Kilogramm

Alter
sie können etwa 14 Jahre alt werden

Nahrung
sie fressen Vögel und kleine Säugetiere wie Mäuse oder Fertigfutter

Auf Entdeckungsjagd

Siamkatzen sind von Natur aus sehr neugierig und aktiv. Sie lieben es, durch den Garten zu streifen und dort zu jagen, zu rennen, zu springen und zu spielen. Um ihr Revier zu markieren, reiben sie sich an Bäumen und Zäunen und hinterlassen mit ihrem Duft Markierungen für andere Katzen. Nach einem Ausflug kommen sie aber immer wieder zu ihrem Heim und ihren Besitzern zurück.

Die Maine Coon Katze

Die Maine Coon ist eine große und kräftige Katze. Sie hat ein dichtes, zotteliges Fell mit einer wuscheligen Halskrause und einen langen, buschigen Schwanz. Sie ist gesellig und lebhaft und hat sich gut an das Leben in der Wohnung gewöhnt. Sie braucht aber drinnen viel Beschäftigung.

Katzenspielzeug

Alle Katzen spielen gern. Main Coons lieben Spielzeug, das ihren Jagdtrieb unterstützt, wie zum Beispiel Stoffmäuse, Wollfäden oder zerknülltes Papier. Junge Kätzchen klettern auch mal an Gardinen oder Möbeln hoch.

Steckbrief

Gewicht
sie wiegen zwischen 4 und 10 Kilogramm

Alter
sie können etwa 14 Jahre alt werden

Nahrung
sie fressen Vögel und kleine Säugetiere wie Mäuse oder Fertigfutter

Wahre Kletterkünstler

Katzen sind sehr gute Kletterer und lieben hohe Aussichtsplätze. Sie schlagen ihre spitzen Krallen in das Holz von Bäumen und Zäunen, um Halt zu finden oder balancieren geschickt auf Hausdächern herum. Sollten sie dabei doch einmal abrutschen, können sie sich in der Luft umdrehen und landen sicher auf ihren Pfoten.

Das Zwerg- Kaninchen

Mit ihren langen Stehohren, dem niedlichen Stupsnäschen und dem weichen Fell sind Kaninchen richtige Kuscheltiere. Es gibt zahlreiche Rassen, die sich durch ihr Fell und ihre Größe unterscheiden. Die kleinen Zwergkaninchen zum Beispiel passen sich gut an das Leben in der Wohnung an.

Richtig tragen

Soll das Zwergkaninchen hochgenommen werden, packt man es mit einer Hand am Nackenfell und greift mit der anderen Hand unter den Po. Es sollte nie an den Ohren hochgezogen werden.

Steckbrief

Größe
bis 35 Zentimeter

Gewicht
bis 1,5 Kilogramm

Alter
sie werden etwa 6 bis 8 Jahre alt

Nahrung
Kaninchenfutter, Heu, Gras, Kräuter wie Löwenzahn, Gemüse wie Möhren und Salat, Obst

Ein Freigehege im Garten

Im Sommer fühlen sich Kaninchen in einem Freigehege besonders wohl. Einen Teil des Geheges sollte man als Schutz gegen die Sonne überdachen. Wichtig ist auch ein Häuschen, in das sie sich zurückziehen können und Spielmöglichkeiten. Damit die Tiere sich nicht unter dem Gehege durchbuddeln, sollte der Zaun rundum in die Erde eingegraben werden.

Das Angora-Kaninchen

Angorakaninchen fallen durch ihr langes, weiches Fell, die niedlichen Schlappohren und die kleinen, dunklen Knopfaugen auf. Die kleinen Hoppler haben meist weiße, graue oder schwarze Haare. Sie sind den ganzen Tag aktiv und werden leicht zahm.

Kleine Kuscheltiere

Kaninchen sind sehr gesellige Tiere. Sie kuscheln gern miteinander, lecken sich gegenseitig oder stupsen ihren Partner mit der Schnauze. Aber sie freuen sich auch, wenn man sie vorsichtig aufnimmt und behutsam streichelt und krault.

Steckbrief

Größe
bis 40 Zentimeter

Gewicht
etwa 3,5 Kilogramm

Alter
sie werden etwa 6 bis 8 Jahre alt

Nahrung
Kaninchenfutter, Heu, Gras, Kräuter wie Löwenzahn, Gemüse wie Möhren und Salat, Obst

Die Fellpflege

Angorakaninchen müssen wegen ihres langen Fells regelmäßig gebürstet werden. Außerdem sollte sie vier- bis fünfmal im Jahr geschoren werden, damit ihre Haare nicht verfilzen. Nach der Schur sind die Angoras fast nackt. Daher sollte ihr Käfig dann gut mit Heu ausgepolstert werden, damit sie sich so richtig einkuscheln können und nicht frieren. Ihr Fell wächst schnell nach.

Der Goldhamster

Goldhamster sind Nachttiere. Tagsüber schlafen sie die meiste Zeit und werden erst am Abend munter. Deshalb sind sie nicht ganz so gut zu beobachten wie andere Haustiere. Es gibt sie in verschiedenen Farben und mit unterschiedlich langem Fell. Die dunklen, Knopfaugen sind aber bei allen gleich.

Vollgestopfte Hamsterbacken

Hamster haben die Angewohnheit Vorräte anzulegen. Was sie nicht fressen, stopfen sie in ihre großen Backentaschen und verstecken es in einer Ecke ihres Schlafhäuschens. Man nennt das »hamstern«.

Steckbrief

Größe
bis 20 Zentimeter

Gewicht
bis 150 Gramm

Alter
sie können etwa 2 bis 3 Jahre alt werden

Nahrung
Trockenfutter, Obst, Gemüse, Gräser und Insektenlarven wie Mehlwürmer

Wahre Akrobaten

Hamster brauchen viel Bewegung und entsprechend abwechslungsreiches Spielzeug in ihrem Käfig, um sich auszutoben. In einem Laufrad legen die kleinen Energiebündel in einer Nacht bis zu 20 Kilometer zurück. Gern schlüpfen sie auch durch enge Röhrensysteme, klettern über Leitern und Seile oder spielen mit einer Schaukel oder Wippe aus Holz.

Das Glatthaar-Meerschweinchen

Meerschweinchen gehören zu den Nagetieren. Sie haben kurze Beine und einen großen Kopf. Die langen Tasthaare im Gesicht dienen zur Orientierung. Am bekanntesten sind die Glatthaar-Meerschweinchen. Ihr kurzes, glattes Fell ist sehr pflegeleicht.

Die Nagezähne

Die langen, scharfen Schneidezähne der Meerschweinchen nennt man Nagezähne. Weil diese ständig nachwachsen, brauchen die Tiere hartes Brot, Zweige oder Knabberstangen, an denen sie ihre Zähne abnutzen können.

Steckbrief

Größe
bis 35 Zentimeter

Gewicht
etwa 1 Kilogramm

Alter
sie können etwa 8 Jahre alt werden

Nahrung
Meerschweinchenfutter, Heu, Salat, Körner, Obst Gemüse, Kräuter und Gräser

Die Meerschweinchenfamilie

Meerschweinchen sind gesellige Tiere, die am liebsten mit Artgenossen leben. Werden ein Männchen und ein Weibchen zusammengehalten, können sie etwa alle drei Monate Junge bekommen. Das Weibchen bringt bei einem Wurf zwei bis vier Babys zur Welt. Die Kleinen werden mit Fell und geöffneten Augen geboren und können schon kurz nach der Geburt laufen.

Das Rosetten-Meerschweinchen

Rosetten-Meerschweinchen fallen durch ihr wuscheliges Haarkleid auf. Ihr Fell hat viele Wirbel, die auch »Rosetten« genannt werden. Die Tiere verwenden viel Zeit auf ihre Fellpflege. Mit ihren Krallen entfernen sie tief sitzenden Schmutz aus ihrem Fell, das sie dann mit der Zunge glätten.

Woher haben sie ihren Namen?

Meerschweinchen bekamen ihren Namen, weil sie wie kleine Schweine quieken und eine ähnliche Körperform haben und weil sie von Südamerika aus über das Meer nach Europa gebracht worden sind.

Steckbrief

Größe
bis 35 Zentimeter

Gewicht
etwa 1 Kilogramm

Alter
sie können etwa 8 Jahre alt werden

Nahrung
Meerschweinchenfutter, Heu, Salat, Körner, Obst Gemüse, Kräuter und Gräser

Das Meerschweinchenheim

Der Käfig für die kleinen Nagetiere braucht nicht sehr hoch sein, weil die Tiere nicht klettern. Er sollte mit einem Futternapf, einem Schlafhäuschen, Heu im Drahtkorb, einer Wasserflasche, Ästen zum Nagen und Röhren und Leitern zum Spielen und Verstecken ausgestattet sein. Fühlen die Tiere sich wohl, schnurren und grunzen sie gemütlich.

Die Maus

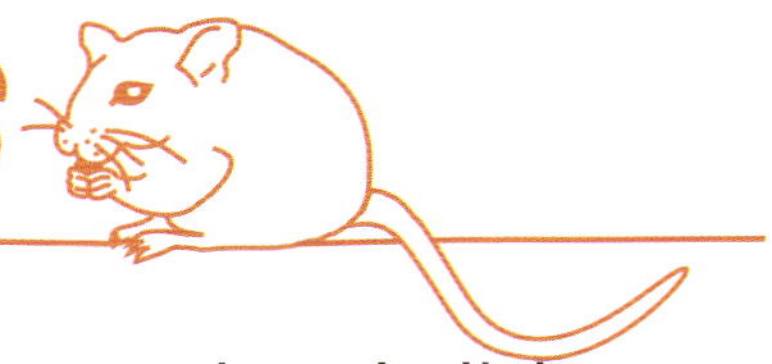

Mit ihren kleinen Knopfaugen, den zierlichen Pfötchen und dem Wackelnäschen sehen Mäuse recht niedlich aus. Es gibt sie in vielen Farben: grau, braun, schwarz, gefleckt oder weiß mit roten Augen. Die geselligen Tiere können sehr zutraulich werden.

Süße Mäusebabys

Fünf- bis sechsmal im Jahr können Mäuse bis zu 14 Junge bekommen. Die Kleinen sind bei der Geburt nackt und blind und werden liebevoll von ihrer Mutter versorgt. Nach drei Tagen beginnt ihr Fell zu wachsen und nach etwa zwei Wochen öffnen sich die Augen.

Steckbrief

Größe
bis 11 Zentimeter, Schwanz 8 Zentimeter

Gewicht
bis 60 Gramm

Alter
sie können etwa 2 Jahre alt werden

Nahrung
Mäusefutter, Obst, Gemüse, Löwenzahn, Karotten, Käse

Neugierig und verspielt

Mäuse sind sehr verspielte, unternehmungslustige und neugierige Tierchen. Obwohl sie eher in der Nacht aktiv sind, kann man sie auch tagsüber beobachten. Sie können sehr gut klettern und passen mit ihrem schlanken Körper durch erstaunlich kleine Löcher. Gern balancieren sie über schmale Kletterseile und laufen durch Papprollen.

Die Rennmaus

Wüstenrennmäuse, auch Mongolische Rennmäuse genannt, haben ein graubraunes Fell und große, schwarze Augen. Die Ohren und der Schwanz sind behaart. Dank ihrer langen, kräftigen Hinterbeine können sie sehr schnell rennen.

Badespaß im Sand

Um ihr Fell sauber und geschmeidig zu halten, wälzen und reiben sich Rennmäuse gern im Sand. Für das Sandbad stellt man den Tieren am besten eine schwere Tonschale mit Chinchilla- oder Vogelsand in den Käfig, in der die Tiere bequem Platz finden.

Steckbrief

Größe
bis 13 Zentimeter,
Schwanz 12 Zentimeter

Gewicht
bis 120 Gramm

Alter
sie werden etwa 3 bis 4 Jahre alt

Nahrung
Rennmausfutter, Getreide, Samen, Obst, Gemüse und gekochte Kartoffeln

Die Rennmausfamilie

Rennmäuse leben gern in kleinen Familien. Die Tiere haben eine gute Nase und erkennen sich gegenseitig am Geruch. Am liebsten machen sie alles gemeinsam: den Käfig erkunden, spielen, sich gegenseitig putzen und sich zum Schlafen ganz eng aneinander kuscheln. Meist sind Rennmäuse abwechselnd zwei bis vier Stunden wach und schlafen anschließend genauso lange.

Die Ratte

Die Ratten, die man als Haustiere hält, haben oft ein weißes Fell. Es gibt sie aber auch in braun, schwarz oder gefleckt. Augen und Ohren sind recht klein. Der lange Schwanz ist nackt und ziemlich dick. Die Füße sind rosa. Ratten sind sehr gesellige Tiere und sollten mindestens zu zweit gehalten werden.

Clevere Ausbrecher

Die kleinen Nager sind sehr intelligent und gelehrig. Sie lernen zum Beispiel schnell, normale Käfigschlösser selbst zu öffnen. Ihren Käfig sollte man darum vorsichtshalber mit einem Extraschloss verriegeln.

Steckbrief

Größe
bis 28 Zentimeter,
Schwanz 22 Zentimeter

Gewicht
etwa 300 Gramm

Alter
sie können 2 bis 3 Jahre alt werden

Nahrung
Rattenfutter, Gemüse, gekochte Kartoffeln, Obst Käse, Heu und Hafer

Kletterspaß

Die gewandten Kletterer freuen sich riesig, wenn Bretter in verschiedenen Stockwerken, Äste, Kletterseile und Hängeleitern in ihrem Käfig angebracht sind. Aber auch der Mensch ist für Ratten ein großer, beweglicher Kletterbaum. Manchmal versuchen sie am Arm ihres Besitzers hochzuklettern, setzen sich auf seine Schulter und lassen sich von ihm herumtragen.

Das Chinchilla

Chinchillas haben einen buschigen, langen Schwanz, schwarze Knopfaugen und große Ohren. Das seidenweiche Fell ist grau, braun, weiß oder schwarz. Sie sind sehr neugierig. Auf ihren Entdeckungstouren richten sie sich oft auf den Hinterbeinen auf und schauen, was um sie herum passiert.

Kleine »Springteufel«

Chinchillas werden liebevoll auch »Springteufel« genannt. Mit ihren kräftigen Hinterbeinen können sie aus dem Stand bis zu einem Meter hoch springen. Beim Weitsprung schaffen sie sogar bis zu zwei Meter.

Steckbrief

Größe
bis 35 Zentimeter,
Schwanz 20 Zentimeter

Gewicht
bis 600 Gramm

Alter
sie können etwa 20 Jahre alt werden

Nahrung
Chinchillafutter, Heu, Trockenfrüchte, kleine Stücke Obst und Gemüse

Das Chinchilla-Heim

Die kleinen Nagetiere benötigen einen großen Käfig mit reichlich Platz zum Springen und Toben und einer Schlafhöhle, in der sie sich tagsüber ausruhen. Damit sie sich nachts beschäftigen können, sollten Spiel- und Kletterangebote vorhanden sein. Chinchillas mögen kein Wasser, freuen sich aber über etwas Sand, in dem sie »baden« können.

Der Degu

Mit ihren runden Ohren und den Knopfaugen sehen Degus ziemlich niedlich aus. Sie haben ein schwarzrotbraun gemustertes Fell. Die Hinterbeine der Tiere sind etwas länger als die Vorderbeine, so dass sie sehr gut springen können. Die Füße haben Krallen zum Festhalten und Graben.

Freundschaftszeichen

Degus sind sehr gesellige Tiere. Sie begrüßen sich durch Nasen-Lippen-Kontakt und beknabbern sich oft gleich anschließend daran Kinn, Hals und Wangen. Dabei geben sie leise, trillernde Töne von sich.

Steckbrief

Größe
etwa 15 Zentimeter,
Schwanz 12 Zentimeter

Gewicht
etwa 250 Gramm

Alter
sie können etwa 5 Jahre alt werden

Nahrung
Degufutter, Heu, Gräser, Gemüse, Sämereien, Kräuter, Rinde

Empfindlicher Schwanz

Degus haben einen langen Schwanz, der hauptsächlich zum Balancieren dient. Bei wildlebenden Tieren hat er noch eine weitere wichtige Funktion: Wird ein Degu von einem Feind am Schwanz gepackt, reißt er ab und das Tier kann fliehen. Die Verletzung heilt schnell, der Schwanz wächst jedoch nicht nach. Man darf Degus deshalb nie am Schwanz festhalten oder hochheben.

Das Streifenhörnchen

Das Fell des Streifenhörnchens ist graubraun mit dunklen Streifen auf dem Rücken. Der buschige, gestreifte Schwanz hält beim Klettern und Springen das Gleichgewicht. Typisch sind die riesig großen Backentaschen, in denen die Tiere Futter sammeln.

Das Zuhause

Ein großer Käfig mit Klettermöglichkeiten und Spielgeräten ist wichtig für Hörnchen, die sich gern und viel bewegen. Da die Tiere in der Natur in der Erde graben und auch darin »baden«, sollte man ihnen ab und zu frischen Sand in den Käfig geben.

Steckbrief

Größe
bis 25 Zentimeter

Gewicht
bis 125 Gramm

Alter
sie können etwa 7 Jahre alt werden

Nahrung
Nüsse, Körner, Pilze, Beeren, Eicheln, Bucheckern, frisches Obst, Fleisch und Fertigfutter

Da gibt's was zu sehen

Streifenhörnchen sind lebhafte, unternehmungslustige Tierchen, die überwiegend am Tage munter sind. Man kann sie bei ihren Spielen, beim Klettern, beim »Baden« im Sand und bei der Fellpflege beobachten. Beim Fressen sitzen sie meist auf den Hinterbeinen und halten das Futter mit ihren gelenkigen Vorderpfoten fest. Weil Streifenhörnchen Einzelgänger sind, kann man sie gut alleine halten.

Die Land-Schildkröte

Griechische Landschildkröten haben einen gelblichen, festen Panzer mit dunklen Flecken. Darunter lugen Kopf, Beine und Schwanz hervor. Zähne haben die Schildkröten nicht, dafür ist ihr Kiefer sehr hart. Die Tiere können den Kopf und die Beine in den Panzer ziehen.

So fühlen Schildkröten sich wohl

Das Terrarium sollte ein Versteck aus Wurzeln und Steinen und eine kleine Wasserstelle bieten. Glasscheiben auf dem Terrarium verhindern Zugluft. Im Sommer kann man die Schildkröten in einem Gartengehege halten.

Steckbrief

Größe
Männchen werden etwa 20 Zentimeter, Weibchen bis 26 Zentimeter lang

Alter
sie können etwa 70 Jahre alt werden

Nahrung
sie fressen Schildkrötenfutter, Blätter, Wildkräuter wie Löwenzahn und Klee, Gräser, Salat und manchmal ein wenig Obst

Winterruhe im Keller

Vom Herbst bis zum Frühling halten Schildkröten eine Winterruhe. Dazu bringt man sie am besten in einer Überwinterungskiste in einen nicht geheizten Keller. Die Kiste wird mit Erde, Moos und Laub gefüllt. Hier kann sich das Tier eingraben und in Ruhe den Winter verbringen. Eine Woche vor dem »Einkellern« sollte man sie nicht mehr füttern.

Die Wasser-Schildkröte

An den roten Streifen hinter den Augen und dem flachen, grünen Rückenpanzer mit gelben und schwarzen Linien erkennt man die Rotwangen-Schmuckschildkröte. Ihre Zehen sind durch Schwimmhäute verbunden. Die Tiere können gut schwimmen und tauchen.

Das Zuhause

Wasserschildkröten hält man am besten in einem Aquaterrarium mit einem Wasser- und einem Landteil. Das Wasser sollte immer frisch sein und auch der Boden muss regelmäßig gewechselt werden. Im Sommer kann man die Tiere auch im Gartenteich halten.

Steckbrief

Größe
bis 30 Zentimeter

Gewicht
bis 1 Kilogramm

Alter
sie können etwa 40 Jahre alt werden

Nahrung
Schildkrötenfutter, Mückenlarven, Wasserflöhe, Regenwürmer, Wasserpflanzen und Salat

Wahre Sonnenanbeter

Rotwangen-Schmuckschildkröten können ihre Körpertemperatur nicht selbst regulieren. Darum brauchen sie täglich ein warmes »Bad« in der Sonne oder unter einer Wärmelampe. Gut aufgewärmt sind sie sehr lebhaft, fressen viel und entwickeln sich prächtig. Den Winter verbringen die Tiere ruhend in einem Winterquartier in einem dunklen, kühlen Raum.

Der Wellensittich

Wellensittiche sind kleine Papageien, denen man mit etwas Geduld sogar ein paar Wörter beibringen kann. Ihr Gefieder hat eine schöne Wellenzeichnung und ist grün, gelb, blau, grau oder weiß gefärbt. Über dem kurzen, Schnabel haben die Männchen eine blaue, die Weibchen eine bräunliche Nasenhaut.

Freiflug im Zimmer

Wellensittiche sind gute Flieger. Deshalb sollten sie täglich bei geschlossenen Fenstern und Türen frei im Zimmer herumfliegen dürfen, damit sie sich so richtig austoben und ihre Flügel benutzen können.

Steckbrief

Größe
bis 20 Zentimeter

Gewicht
bis 50 Gramm

Alter
sie können etwa 10 bis 15 Jahre alt werden

Nahrung
Körnermischungen, Kolbenhirse, Obststückchen und frisches Gemüse

Ein gemütliches Zuhause

Die geselligen, zutraulichen Vögel sollten nicht allein gehalten werden. Ihr Käfig steht am besten an einem hellen, zugluftfreien Platz und sollte so groß sein, dass die Vögel darin klettern und hin- und herspringen können. Er muss mit Futterschalen, Wasserspendern, Sitzstangen unterschiedlicher Stärke und einem Badehäuschen ausgestattet sein.

Der Nymphensittich

Nymphensittiche sind gesellige Tiere, die sich über einen Partner im Käfig freuen. Die Männchen haben oft ein graues Gefieder mit gelben Kopffedern, rote Ohrflecken und eine Federtolle auf dem Kopf. Die Weibchen sind meist blasser gefärbt. Die Tiere haben einen schlanken Körper und einen langen Schwanz.

Die Kopfhaube

Sie ist das auffälligste Merkmal dieses hübschen Vogels. Mit ihr werden Launen und Stimmungen angezeigt. Neugierig und aufmerksam ist der Nymphensittich, wenn seine Kopfhaube locker aufgerichtet ist.

Steckbrief

Größe
bis 34 Zentimeter

Gewicht
bis 110 Gramm

Alter
sie werden etwa 15 bis 20 Jahre alt

Nahrung
Futtermischungen aus Körnern, Kolbenhirse, Gemüse, Obst, frische Kräuter, Keimfutter

Ein farbenfrohes Vogelheim

Die Wohnung des Nymphensittichs sollte möglichst farbenfroh und abwechslungsreich gestaltet sein, denn Sittiche können sehr gut Farben und Formen unterscheiden. Bunte Pappstreifen, ein paar Blüten oder buntes Spielzeug lassen sich im Käfig leicht anbringen. Zur Fütterung eignen sich Stahlnäpfe. In großen Wasserschalen oder einem Badehäuschen wird gern gebadet.

Der Kanarienvogel

Der Kanarienvogel ist ein Singvogel. Seinen Namen hat er von seiner Heimat, den Kanarischen Inseln. Er hat einen runden Kopf, einen kurzen Schnabel und einen recht langen Schwanz. Meistens ist er gelb, es gibt ihn aber auch in anderen Farben.

Der Käfig

Der Käfig sollte in Augenhöhe des Menschen aufgestellt werden und mit einer Seite zur Wand stehen. Er sollte etwa zwei bis drei Sitzstangen enthalten, damit genügend Platz für Bewegung bleibt. Futter und Wasser werden in Näpfen angeboten.

Steckbrief

Größe
bis 14 Zentimeter lang

Gewicht
etwa 5 Gramm

Alter
sie können 10 bis 15 Jahre alt werden

Nahrung
Körnermischungen, Obst, Gemüse, Körner, Grünfutter wie Salat und Löwenzahn

Wunderschöner Gesang

Ihr abwechslungsreicher, fröhlicher Gesang hat die Kanarienvögel berühmt gemacht. Sie können ausgezeichnet hören und gehörte Töne und Melodien nachsingen. Die jungen Männchen lernen die vielen unterschiedlichen Melodien und Strophen von ihren Vätern und anderen Männchen. Der bekannteste Sänger unter den Kanarien ist der »Harzer Roller«.

Der Papagei

Wer einen Papagei besitzen möchte, muss sehr viel Zeit und Geduld haben, denn er braucht intensive Pflege und Zuwendung. Man muss sich mehrere Stunden am Tag um ihn kümmern und das über 50 Jahre lang.

Das Vogelheim

Ausreichender Platz ist sehr wichtig für Papageien. Sie brauchen einen großen Käfig für den Tag und einen kleinen Schlafkäfig in einem abgedunkelten Raum. Im Käfig bieten Äste, Schaukeln oder Seile den Tieren Sitzgelegenheiten. Unterschiedliches Spielzeug sorgt für die nötige Abwechslung.

Steckbrief

Größe
bis 40 Zentimeter

Gewicht
bis 450 Gramm

Alter
sie können 50 bis 80 Jahre alt werden

Nahrung
Körnermischungen, Samen, Nüsse, Früchte, Gemüse, Getreide, Blüten und Blätter

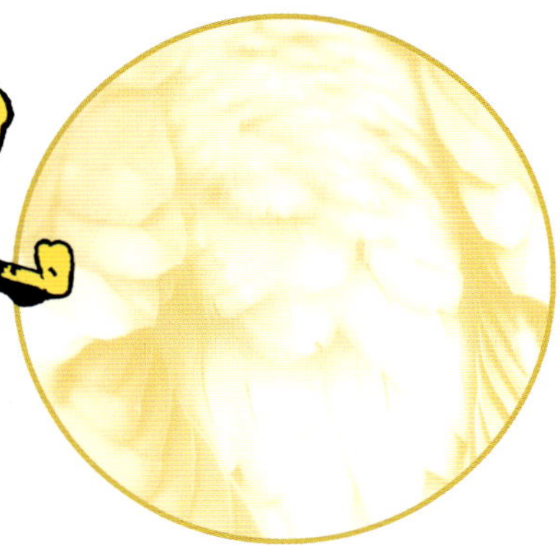

Ein Sprachgenie

Der Graupapagei ist ein beliebtes Haustier, weil er von allen Papageien am besten sprechen kann. Er kann lernen mehrere hundert Wörter nachzuplappern und sogar bestimmte Sätze in ähnlichen Situationen zu wiederholen. Außerdem sind die Tiere wahre Künstler im Nachmachen von Stimmen oder Geräuschen wie zum Beispiel Hundegebell oder Türenknarren.

Der Zebrafink

Die lebhaften und geschwätzigen Zebrafinken aus dem fernen Australien finden immer mehr Freunde. Sie sind äußerst gesellige Vögel, die mindestens paarweise gehalten werden sollten.

Streifen wie ein Zebra

Zebrafinken haben ein weißes, silbernes oder hellbraunes Gefieder und einen orangeroten Schnabel. Die Männchen haben außerdem runde, braune Kopfseiten mit einem Wangenfleck und schwarze Wellenlinien auf der weißen Brust. Diese Zebrazeichnung gab den Vögeln ihren Namen.

Steckbrief

Größe
bis 13 Zentimeter

Gewicht
bis 40 Gramm

Alter
sie werden etwa 8 bis 10 Jahre alt

Nahrung
sie fressen Körnermischungen, Grassamen, Gemüse, Obst, Kräuter und Kolbenhirse

Das Zuhause

Zebrafinken brauchen einen großen Käfig mit viel Raum zum Fliegen und Toben. Er sollte an einem hellen, nicht zu kaltem Ort stehen. Als Spielzeug eignen sich gut verzweigte Äste. Auf diesen wird dann den ganzen Tag herumgeklettert und gespielt. Laute Geräusche und hektische Bewegungen in der Nähe des Käfigs sollten vermieden werden, da die Vögel sehr schreckhaft sind.

Der Beo

Die in unseren Wohnungen lebenden Beos sind überwiegend Mittelbeos. Sie haben ein schwarzes Gefieder, das grünlich oder violett schimmert. Der Schnabel und die Füße sind gelborange. Am Kopf haben die Vögel gelbe Hautlappen.

Aufwändige Pflege

Beos sind sehr gesellige Tiere, brauchen viel Zuwendung und sollten nicht über längere Zeit allein gelassen werden. Sie bewegen sich gern und freuen sich über einen großen Käfig und häufigen Freiflug. Da Beos viel Dreck machen, muss ihr Käfig oft gereinigt werden.

Steckbrief

Größe
bis 28 Zentimeter

Gewicht
bis 220 Gramm

Alter
sie werden etwa 15 bis 20 Jahre alt

Nahrung
Beofutter, Früchte, Gemüse, Kräuter und Lebendfutter wie Mehlwürmer

Große Sprachtalente

Der muntere, temperamentvolle Beo gehört zu den sprachbegabtesten Vögeln. Sein Name stammt aus dem Indonesischen und bedeutet »Plappermaul«. Er pfeift, singt, macht täuschend echt unterschiedlichste Geräusche nach und plappert ganze Sätze. Manche Beos übertreffen darin sogar die sprachbegabtesten Papageien. Allerdings sind die von den Vögeln erzeugten Töne sehr laut.

Der Goldfisch

Der Goldfisch mit all seinen verschiedenen Formen und Farben gehört zu den beliebtesten Aquarienfischen. Er ist einfach zu pflegen und eignet sich gut für Aquarienanfänger. Da Goldfische sehr lebhaft sind und viel umherschwimmen, brauchen sie ein ausreichend großes Becken.

Goldene Schuppen

Goldfische kommen meist dunkelgrau zur Welt und färben sich erst nach und nach um. Erst werden sie schwarz, dann färben sie sich goldgelb und schließlich bekommen sie ihr typisch rotgoldenes Schuppenkleid.

Steckbrief

Größe
bis 15 Zentimeter (im Aquarium)

Alter
sie können rund 20 Jahre alt werden

Nahrung
sie ernähren sich von kleinen Wassertieren und von Wasserpflanzen, die sie häufig vom Boden aufnehmen und von Trockenfutter

Das Goldfischbecken

Das Goldfischbecken ist ein Kaltwasseraquarium. Als Innendekoration genügen ein paar Steine, für kaltes Wasser geeignete Pflanzen und gut bewässerte Holzstücke auf einem groben Kiesbelag. Das Aquarium steht am besten an einem hellen Platz. Bei einer Zimmertemperatur zwischen 14 und 20°C fühlen sich Goldfische am wohlsten.

Der Guppy 

Zu den bunten Bewohnern eines Aquariums zählen die leicht zu haltenden Guppys. Sie haben auffällig lange Schwanzflossen, die in vielen verschiedenen Formen gezüchtet wurden. Die zierlichen Männchen sind sehr farbenprächtig, die größeren Weibchen meist unauffällig gelbgrau.

Warmes Wasser

Guppys kommen eigentlich aus Südamerika und lieben warme Wassertemperaturen um 24°C. Die lebhaften Fische sind recht friedlich und schwimmen ständig im ganzen Aquarium, besonders in der Mitte und oben, umher.

Steckbrief

Größe
Männchen bis 3 Zentimeter, Weibchen bis 6 Zentimeter

Alter
sie können rund 4 Jahre alt werden

Nahrung
sie fressen kleine Tiere und Pflanzenteile im Wasser aber auch Futtertabletten und Flockenfutter

Millionenfische

Guppys werden auch Millionenfische genannt, weil sie sich sehr schnell vermehren. Alle vier Wochen bringen die Weibchen bis zu 100 lebende Junge zur Welt. Die Eltern betreiben keine Brutpflege und können ihre Jungen sogar als Beute betrachten. Deshalb verstecken sich die Kleinen sofort nach der Geburt zwischen dichten Pflanzen und beginnen selbständig nach Futter zu suchen.

Der Neonfisch

Neonfische fühlen sich in einem dicht bepflanzten Aquarium mit warmem Wasser um 25°C am wohlsten. Sie schwimmen in kleinen Schwärmen umher und mögen die Gesellschaft anderer kleiner Fische. Mit größeren Fischarten vertragen sie sich nicht besonders gut.

Gefräßige Eltern

Die Weibchen der Neonfische legen bis zu 200 Eier, aus denen sich nach einer Woche die Jungen entwickeln. Die Eltern sollte man nach der Eiablage in ein anderes Becken setzen, damit sie den Laich nicht auffressen.

Steckbrief

Größe
bis 4 Zentimeter

Alter
sie können bis zu 10 Jahre alt werden

Nahrung
sie fressen kleine Tiere und Pflanzenteile im Wasser, Futtertabletten und Trockenfutter; während der Paarungszeit benötigen sie Spezialfutter

Buntes Leuchten

Neonfische machen in jedem Aquarium einen besonderen Eindruck. Vom Ansatz des Schwanzes bis über die großen dunklen Augen reicht ein blaugrün schimmerndes, leuchtendes Band – die »Neonröhre«. Darunter glänzt ein roter Streifen, der vom Schwanz bis zur Bauchmitte reicht. Der Bauch ist silbrig hell. Im Dämmerlicht strahlen die Farben besonders gut.

Der Panzerwels

Panzerwelse leben in Schwärmen und sind wegen ihres interessanten Aussehens und Verhaltens beliebte Aquarienfische. Das lebhafte Punktmuster, das ein wenig an das Fell von Leoparden erinnert, ist das Hauptmerkmal des Leopard-Panzerwels. Sein hoher Rücken ist mit kräftigen Schuppen gepanzert.

Schnappen nach Luft

Panzerwelse schwimmen ab und zu an die Wasseroberfläche, um nach Luft zu schnappen. Sie können Sauerstoff aus der Luft atmen. Deshalb sollte das Aquarium einen freien Zugang zur Wasseroberfläche haben.

Steckbrief

Größe
bis 6 Zentimeter

Alter
sie können etwa 9 Jahre alt werden

Nahrung
sie fressen Nahrungsreste und Algen, die sie am Grund des Beckens finden, aber auch Futtertabletten

Die »Putzkolonne«

Ständig durchwühlen Panzerwelse den sandigen Beckengrund und fressen dabei Nahrungsreste und Algen, die sich am Beckengrund breit gemacht haben. Deshalb nennt man sie auch Beckenputzer. Mit ihrem eigenartigen »Schnurrbart« am Maul können die Fische schmecken und tasten.

Der Buntbarsch

Buntbarsche gibt es in vielen verschiedenen Formen und Farben. Schmetterlingsbuntbarsche haben ein grünlichbraunes Schuppenkleid mit einzelnen blauviolett schimmernden Tupfern. Ein dunkler Streifen verläuft von den rot leuchtenden Augen bis zum Schwanz.

Das Aquarium

Das Becken sollte eine Wassertemperatur um 26°C haben und so bepflanzt sein, dass freier Raum zum Schwimmen bleibt. Steine und Holzstücke schaffen Abwechslung und bieten Verstecke. Die schönen Fische halten sich meist im unteren Teil des Beckens auf.

Steckbrief

Größe
bis 7 Zentimeter

Alter
sie können etwa 3 Jahre alt werden

Nahrung
als Fleischfresser mögen sie am liebsten kleines Lebendfutter wie Mückenlarven; aber auch Frostfutter und Trockenfutter fressen sie gern

Die Buntbarschfamilie

Schmetterlingsbuntbarsche besetzen Reviere (bestimmte Gebiete) im Aquarium und bilden feste Paare. Es sollten deshalb immer ein Männchen und ein Weibchen gehalten werden. Buntbarsche sind fürsorgliche Eltern, die ihre Jungen nach dem Schlüpfen gut bewachen und liebevoll umsorgen. Man sagt, sie betreiben »Brutpflege«.

Der Kampffisch

Kampffische sind lang gestreckte Fische mit fahnenartig vergrößerten Schwanz- und Rückenflossen. Die ursprünglich rotbraunen Siamesischen Kampffische wurden in vielen leuchten Farben gezüchtet.

Große Kämpfer

Treffen zwei Männchen aufeinander, gehen sie augenblicklich aufeinander los und bekämpfen sich im Aquarium bis zum Tod, da es dort keine Fluchtmöglichkeit gibt. Es sollte daher immer nur ein Männchen mit einigen Weibchen gehalten werden. Anderen Fischen gegenüber sind Kampffische sehr friedlich.

Steckbrief

Größe
bis 7 Zentimeter

Alter
sie können bis zu 4 Jahre alt werden

Nahrung
sie fressen sowohl Flockenfutter, als auch getrocknete, gefrorene oder lebendige Mückenlarven sowie andere Kleintiere im Wasser

Das Schaumnest

Das Männchen baut sein Schaumnest aus großen Blasen an der Wasseroberfläche. Darin legt das Weibchen seine Eier ab. Danach übernimmt das Männchen die Aufsicht: Eier, die aus dem Nest fallen, sammelt es wieder ein. Sind die Kleinen geschlüpft, fängt es entflohene Jungfische in den ersten Tagen vorsichtig mit dem Maul und spuckt sie zurück ins Nest.

Der Bitterling

Diese schönen, kleinen Fische schimmern am Rücken graugrün, an den Seiten silbern und haben grüne Längsstreifen und hellrote Flossen. Zur Paarungszeit bekommen die Männchen ein farbenprächtiges Hochzeitskleid, mit dem sie die Weibchen beeindrucken wollen.

Im Aquarium

Das Aquarium für Bitterlinge sollte einen sandigen Boden haben und nicht zu dicht mit Fischen besetzt sein. Die Fische sind scheu und ziehen sich gern in dicht bepflanzte Ecken zurück. Die Wassertemperatur sollte etwa 18 bis 20°C betragen.

Steckbrief

Größe
bis 7 Zentimeter

Alter
sie können rund 5 Jahre alt werden

Nahrung
sie sind Allesfresser, ernähren sich aber überwiegend von kleinen Pflanzenteilen; sie mögen auch Lebendfutter wie Mückenlarven oder Trockenfutter

Eine Teichmuschel als »Kinderwiege«

Um Junge zu bekommen, brauchen Bitterlinge eine Teichmuschel, in die das Weibchen seine Eier legen kann. Die Eier und die nach etwa 3 Wochen schlüpfenden Jungen entwickeln sich gut geschützt im Körper der Muschel. Sie werden von der Muschel mit frischem Atemwasser versorgt. Nahrung erhalten sie aus einem kleinem Dottersack an ihrem Kopf.

Register

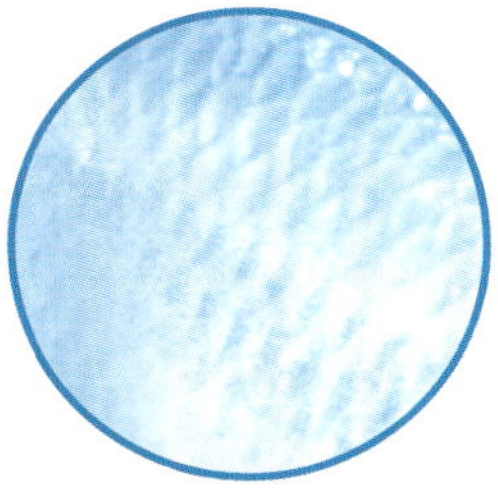

P, Q, R

S, T

U, V, W, X, Y, Z

Abbildungsnachweis

Blickwinkel Dr. Thorsten Schröer, Witten: 37/Van Haan, 47/Kurz, 51/Schmidbauer, 59/Schmidbauer, 67/Schmidbauer, 69/Schmidbauer, 71/Giel, 73/Hartl, 75/Schmidbauer, 76/Hartl, 77/Hartl, 78 M./Hartl; Fotolia.com: 24/Bergersen, 32/Burchenkov, 42/Graca, 50/Kammerer, 60/Berg, 68 Thuret, 78 r./Bergersen, 79 r./Kammerer; IFA-Bilderteam, Ottobrunn: 5/Maier, 7/Digul, 8/Giel, 14/Köpfle, 17/Digul, 19/Köpfle, 20/Giel, 25/Digul, 27/Maier, 33/Giel, 36, Giel, 74/NHPA; Interfoto, München: 15/Prenzel; istockphoto.com: 3/Morch, 6/Johnson, 12/Pacheco, 16/Russ, 26/Khoon, 44/Redphotographer, 54/Morch; Juniors Bildarchiv, Ruhpolding: 11, 13, 23, 34, 35, 41, 43, 45, 49, 55, 57, 61, 65/Wegler, 70; Mauritius, Mittenwald: 4/AGE, 9/AGE, 18/Steimer, 21/Layer, 29/Reinhard, 30/Beck, 31/Habel, 38/Reinhard, 39/Steimer, 40/Steimer, 48/Steimer, 53/Kehrer, 63/Schätzle, 64/Oxford Scientific, 72/Reinhard, 79 M./Beck; RCS Libri&Grandi Opere Spa Milano: 62, 66, 79 l.; Shutterstock.com: 52/ARTEKI; Topfoto, Kent: 56, 58/Piwko, 78 l.

Abbildungen auf dem Einband:
Wellensittich: IFA-Bilderteam, Ottobrunn/Maier; Katzen: IFA-Bilderteam, Ottobrunn/Köpfle; Golden Retriever: Mauritius, Mittenwald/Steimer; Meerschweinchen, West Highland Terrier: MEV, Augsburg; Zwergkaninchen: Juniors Bildarchiv, Ruhpolding/Wegler